AF253974

GÉOGRAPHIE RÉGIONALE

De l'Indochine Française

TERRITOIRE

DE BATTAMBANG

PAR

Paul DURAND

Ancien directeur de l'École de Battambang

SAIGON

IMPRIMERIE COMMERCIALE C. ARDIN

—

1913

NOUVELLE BIBLIOTHÈQUE DES ÉCOLES

Publiée sous la direction de

HENRI RUSSIER

Chef du Service de l'Enseignement au Cambodge

AVEC LA COLLABORATION DE

Paul BAUDET, professeur au Collège Chasseloup-Laubat, Saigon ;
François DACHARY, directeur de l'École de Tayninh (Cochinchine) ;
Paul DURAND, professeur au Collège Sisovath (Phnom-penh) ;
Philippe EBERHARDT, docteur ès sciences, précepteur de S. M. le Roi d'Annam ;
Louis GIRERD, directeur de l'Ecole de Baria (Cochinchine) ;
André JOYEUX, directeur des Ecoles professionnelles de Bienhoa et Giadinh ;
H. LE BRIS, chef du secrétariat de la Direction de l'Enseignement, Hué ;
Nguyen-van-Mai, inspecteur des écoles indigènes de Saigon ;
Louis MANIPOUD, professeur au collège Sisovath (Phnom-penh) ;
Charles B. MAYBON, directeur de l'École française de Shanghai ;
O. MOREL, chef du Secrétariat de la direction de l'Enseignement, Saigon ;
Cyprien MUS, directeur du Collège du Protectorat à Hanoi ;
Joseph NÉGRIGNAT, professeur à l'École Normale de Giadinh (Cochinchine) ;
Capitaine Paul RÉGNIER, de l'Infanterie coloniale.

I. — ENSEIGNEMENT FRANCO-INDIGÈNE

EN VENTE

Méthode pratique de langage, de lecture et d'écriture, par RUSSIER et BAUDET :
 Premières notions de français usuel.......................... 1fr.50
 Premier livre de lecture.................................... 1 00
Premières notions d'arithmétique (enseignement simultané du calcul et du langage), par RUSSIER et NÉGRIGNAT :
 Livret du maître... 0$40
 Livret de l'élève.. 0 60
Notice sur le système métrique, par RUSSIER et MANIPOUD.... 0 25
Premières notions de géographie (enseignement simultané de la géographie et du langage), par RUSSIER, 2e édition augmentée.. 0 40
Cochinchine, carte murale double face, publiée dans la Collection des cartes Vidal-Lablache (no 40), par RUSSIER................. 6fr.50
Notice correspondant à la carte........................... 0 40
Notions élémentaires de géographie : l'Indochine française (atlas de 19 cartes avec texte en regard, nombreux exercices), par RUSSIER... 0$80

Voir la suite page 3 de la couverture.

LE TERRITOIRE

DE BATTAMBANG

A Monsieur BREUCQ

*Consul de France
puis Commissaire délégué du Résident
supérieur à Battambang*

Je dédie cette modeste étude d'un
pays où il laissera parmi les indigènes un souvenir durable et profond.

Battambang, 30 mai 1913
P. D.

— *Le Pays*

I. — Situation. — Limites. — Etendue. — Régions naturelles.— Le Territoire de Battambang est situé dans la partie nord-ouest du Cambodge : entre les circonscriptions de Stung-treng et de Kompong-thom, au nord-est ; le Grand Lac, à l'est; la circonscription de Kompong-chhnang, au sud-est et au sud; le Siam, au sud et à l'ouest ; le Laos Siamois, au nord. Sa superficie est d'environ *35.000 kilomètres carrés,* soit le cinquième de celle du Cambodge, le vingtième de celle de l'Indochine et le seizième de la France.

Le Territoire de Battambang n'a point partout le même aspect ; on y distingue *trois régions* très différentes qui s'étagent en quelque sorte autour du Grand Lac :

a) Une *région montagneuse,* qui forme comme un bourrelet au nord, au sud-ouest et au sud le long de la frontière siamoise ; c'est une région couverte tantôt de forêts claires, tantôt de forêts épaisses entre-coupées de vastes clairières herbeuses ;

b) Au pied de ces montagnes s'étend, en arc de cercle, une région de *plaines élevées* au-dessus du niveau des plus hautes eaux, avec quelques *phnoms isolés* ; c'est, du moins dans sa partie centrale et méridionale, la région la plus peuplée et la plus cultivée ;

c) Enfin, à l'intérieur de cette ceinture de plaines, s'étale une *région très basse,* voisine du *Grand Lac* et *toujours inondée* à la saison des hautes eaux.

II. — Le relief.— Le bourrelet montagneux qui entoure le territoire comprend deux parties très distinctes séparées par la vallée du Stung Sisophon :

Au nord, les *Phnom Dangrek,* qui vont de la vallée du Mékong (Laos), à celle du Ménam (Siam), forment une barrière continue, dont les points les plus élevés sont, de l'est à l'ouest: le *Phnom Kay* (525 m.), le *Phnom Sruoch* (490 m.) et le *Phnom Mécai* (410 m.)

et où on ne trouve de communications faciles d'un versant à l'autre qu'à la passe de *Tchoup Smach* (Chong Smet), dans la direction du nord, et à la passe de *Chông Ta-ko* (Chong Dang-khor), dans la direction du nord-ouest.

Au sud de la vallée du Stung-Sisophon, les montagnes forment plusieurs massifs élevés. Ce sont, en suivant la frontière siamoise du nord au sud : les *Phnom Rontéa* (704 m.), le *Pou Sai-dao*, dont le point culminant a 1.640 mètres, le *Pou Kool* (849 m.), les *Phnom Bantat* (1.270 m.), coupés par le col de *Bantat* (250 m.), les *Phnom Krávanh* ou *Monts des Cardamomes*, dont le point culminant, le *Phnom Thom*, a 1.265 mètres. Aux monts des Cardamomes se rattachent quelques massifs moins élevés : le *Phnom Tumpor*, le *Phnom Koi*, le *Phnom Praniem*, le *Phnom Khal kmoch*, le *Phnom Samrong* et le *Phnom Romteah*.

Les massifs isolés qui se dressent à l'intérieur du bourrelet montagneux de la périphérie sont pour la plupart peu étendus et élevés de quelques centaines de mètres seulement. Le plus important est celui de *Phnom Koulen*, qui s'étend du nord-ouest au sud-est, au nord du *Grand Lac* et dont le point le plus élevé a 400 mètres. Il faut citer ensuite le massif de *Sisophon*, à l'ouest de Sisophon ; le *Phnom Sang-kban*, au sud du Mongkol-borey; les *Phnom Ta-kream*, les *Phnom Thleng*, le *Phnom Sampou*, à l'ouest de Battambang ; le *Phnom Teppedeg*, au nord-ouest de Moung-russey, et le *Phnom Vai-chap*, à l'est de Treng.

Enfin, la zone inondée, dont l'étendue est marquée sur la carte par une ligne pointillée, comprend approximativement la région comprise entre Siem-réap, Kralanh, Mongkol-borey, Krabao et Dontri.

III. — Climat. — Le Territoire de Battambang jouit d'un climat tropical.

a) Température. — La température est presque toujours très chaude. En janvier, pendant la journée, le thermomètre ne dépasse pas, en moyenne, 32 degrés ; mais la nuit, il descend à 17 degré. En février, la température s'élève et les nuits sont moins fraîches. Les mois de mars, avril et mai sont les plus chauds de l'année ; en 1912, la moyenne des températures les plus élevées pendant ces trois mois a été de 39 degrés ; la moyenne des températures les plus basses a été de 27 degrés. En juin, juillet, août et septembre, la température reste très élevée, mais elle est rendue plus supportable par les pluies qui tombent à cette époque. En octobre, la chaleur commence à diminuer jusqu'en décembre qui est le mois le moins chaud ; le thermomètre descend jusqu'à 15 degrés pendant la nuit et monte jusqu'à 30 ou 31 degrés pendant la journée.

b) Vents. — Comme tous les pays tropicaux, le Territoire de Battambang est soumis au régime des vents réguliers : pendant six mois de l'année, du milieu d'octobre à la fin d'avril, le vent souffle presque régulièrement du nord-est : c'est la mousson du nord-est. Toutefois, pendant cette période, à cause de la configuration des montagnes et du voisinage du *Grand Lac*, il se produit, surtout de la mi-février à la mi-avril, de fréquents changements de direction ; c'est ce qu'on désigne sous le nom de sautes de vents. Le vent souffle tantôt du nord, de l'est, du sud et même du sud-ouest.

Pendant le reste de l'année, du commencement de mai au milieu d'octobre, le vent souffle régulièrement du sud-ouest : c'est la mousson du sud-ouest.

c) Pluies. — La mousson du nord-est vient du Laos et de la Chaîne annamitique ; c'est un vent chaud et sec ; la période pendant laquelle il souffle est la saison sèche ; il ne tombe aucune pluie pendant cette saison.

A partir du milieu de février, les sautes de vents amènent parfois quelques orages ; mais ces orages sont peu fréquents : de la fin de février à la fin d'avril, les jours de pluie sont peu nombreux (en moyenne trois par mois) et la quantité d'eau tombée est très faible (en moyenne 30 millimètres par mois).

Par contre, de mai à octobre, pendant la mousson du sud-ouest, le vent arrive du golfe de Siam chargé d'humidité ; les pluies sont fréquentes et les orages nombreux et violents. Toutefois, par suite de la configuration des montagnes de l'ouest et du sud-ouest, la direction des nuages se trouve très souvent modifiée, ce qui produit une très inégale répartition des pluies à la surface du Territoire. Dans la région montagneuse du sud et du sud-ouest, les pluies sont plus fortes et plus fréquentes qu'ailleurs ; les cours d'eau qui prennent leur source dans cette région ont des crues plus subites et plus fortes que ceux du nord et de l'est.

La saison des pluies n'est pas toujours une saison de pluies continues, elle est souvent entre-coupée de courtes périodes sèches pendant lesquelles la température devient accablante (1).

d) Acclimatement. — Pendant la saison sèche, de novembre à janvier, le Territoire de Battambang jouit d'un climat qui, s'il est chaud dans la journée, a le grand avantage d'être frais le soir, la nuit et le matin ; c'est l'époque de l'année où les Européens et les Indigènes se portent le mieux. Mais la température uniformément chaude des autres mois est fatigante. Pendant la saison des pluies, l'alternance des périodes de pluies où la température se rafraîchit et des périodes sèches où il fait très chaud et l'humidité constante de l'air sont très mauvaises pour la santé.

Les maladies ordinaires à Battambang sont celles du reste du Cambodge : la fièvre paludéenne, la fièvre des bois, les abcès au foie, la dysenterie et l'anémie tropicale, ces trois dernières maladies atteignant presque exclusivement les Européens.

La population indigène est, en outre, fréquemment touchée par

---

(1) En 1912, la hauteur des pluies tombées à Battambang (école) s'est élevée à 1 m. 697. Pendant le seul mois de juillet, il est tombé 0 m. 55 d'eau.

le choléra et la variole. La peste a fait son apparition dans le centre de Battambang, mais elle est en voie de décroissance : aucun cas n'a été signalé depuis le début de l'année.

IV. — Les cours d'eau. — Les cours d'eau aboutissent tous au *Tonlé-sap*. Ils descendent des montagnes qui entourent le Territoire ; aussi, dans la partie supérieure de leur cours, ne sont-ils le plus souvent que des *torrents* impropres à la navigation à cause des rapides ou des bancs rocheux qui encombrent leur lit. Quand ils arrivent en plaine leur cours devient *très sinueux*, et, par endroits, les coudes sont si nombreux et si brusques qu'ils rendent la *navigation très difficile*.

D'autre part, leur débit est *très irrégulier*. De février à mai, ils sont presque tous à sec. Mais à la saison des pluies, les crues, à la fois subites et très fortes, élèvent considérablement le niveau de l'eau : ainsi, au pont qui traverse le *Sang-ké* à Battambang, la hauteur de l'eau est de 0 m. 50 en avril et elle atteint plus de 6 mètres à une crue moyenne.

Ces *crues* aussi subites sont souvent *très dangereuses* : les eaux jaunes et boueuses coulent avec rapidité entre des berges trop étroites, entraînant avec elles des troncs d'arbre et quelquefois des bestiaux surpris par la trop brusque montée des eaux. En même temps, elles rongent les rives, d'où elles détachent, parfois sur une longueur de 30 à 40 mètres, des masses énormes de terre qui s'éboulent au milieu de la rivière où elles forment des bancs de sable qui émergent à la saison sèche.

Enfin, la plupart de ces cours d'eau, qui ont à la saison sèche un lit bien dessiné, s'étalent aux hautes eaux à travers les rizières, alimentant une infinité de prek qui vont se perdre dans la forêt noyée qui entoure le *Grand Lac*.

Le *Stung Kompong-prak*; qui sert de frontière entre le Territoire de Battambang et la résidence de Kompong-chhnang, vient des *Phnom Krâvanh* (Chaîne des Cardamomes) et coule d'abord de l'ouest à l'est, puis fait un coude brusque vers le nord. Il ?arrose Svai-don-kéo, et, quelques kilomètres plus loin, il pénètre dans la zone de la forêt noyée, pour se jeter dans le *Tonlé-sap* par des bouches qui se confondent avec celles du *Stung Krepeu-pir*.

Le *Stung Krepeu-pir* (rivière des deux Caïmans), vient des montagnes du Sud (Phnom Praniem). Il arrive dans la plaine à Thnàm, puis il arrose Moung-russey et aboutit à la forêt noyée à quelques kilomètres en amont de Dontri. Il se jette dans le *Tonlé-sap* à Kbaltol, où il confond ses eaux avec celles du *Stung Kompong-prak*.

Le *Stung Sang-ké* descend du Phnom Banthat dont il recueille les eaux par un très grand nombre de petits ruisseaux, en même temps qu'un affluent très important, le *Stung Kranhung*, lui apporte toutes celles du versant nord de la Chaîne des Cardamomes. Il passe ensuite à Treng, puis entre en plaine à Banân. Son cours devient alors plus paisible ; ses rives, surtout la rive gauche, sont cultivées et présentent une suite presque ininterrompue de villages jusqu'à Battambang, et même jusqu'à la Douane siamoise. Il entre alors dans une zone de hautes herbes, au milieu desquelles son cours devient extrêmement sinueux avec des coudes très brusques et, au village de Krabao, il aboutit à la forêt noyée qu'il ne quitte pas jusqu'à Bac-préa.

Le *Stung Sang-ké* n'a pas toujours eu son lit actuel. Il y a environ quatre-vingts ans, les Siamois ont barré le cours du fleuve à quelques kilomètres en amont de Battambang et ont obligé la rivière à prendre sa direction actuelle. L'ancienne rivière subsiste toujours : c'est le *Stung chas* (vieux fleuve), qui se jette dans le *Tonlé-sap* non loin de Moat-pir.

Le *Stung Mongkol-borey* prend sa source dans les montagnes de Paï-lin, non loin de Bo-di-nhéo ; il coule d'abord dans la direction du nord, tourne ensuite à l'est, pour revenir vers le nord, puis, quelques kilomètres avant d'arriver à Mongkol-borey, il dévie vers le nord-est. Un peu en aval de Mongkol-borey, il reçoit le *Stung*

Sisophon, grossi lui-même du *Nam Sai* sur sa rive droite et du *Stung Svai-chek* sur sa rive gauche. Après son confluent avec le *Stung Sisophon*, le *Stung Mongkol-borey* entre dans la zone inondée et revient vers le sud-est par un cours extrêmement sinueux jusqu'à Bac-préa, où il se réunit au *Stung Sang-ké*, et les deux cours d'eau prennent, jusqu'au *Grand Lac*, le nom de *Rivière de Bac-préa*.

La *Rivière de Bac-préa*, qui est de beaucoup la plus importante au point de vue de la navigation, coule constamment au milieu de la forêt noyée et dans un lit qui, à la saison des hautes eaux, est assez large et profond pour que de gros bateaux puissent arriver jusqu'à Bac-préa. Entre Bac-préa et Moat-pir, où est son embouchure, la *Rivière de Bac-préa* reçoit le *Stung Sreng* au village de Péam-séma et le *Stung Phlang* au village de Chhoeu-khmau.

Le *Stung Sreng* lui apporte à travers la région forestière de la Prey Saâk, toutes les eaux du versant sud de la partie des Dangrek et même, par le *Stung Tamat*, qu'il reçoit sur sa rive gauche, une partie de celles des Phnom Koulen. Il fertilise les plaines de Tuk-chou et de Kralanh et entre dans la forêt noyée quelques kilomètres en aval de Taom.

C'est encore des Phnom Koulen que descendent, vers la *Rivière de Bac-préa*, le *Stung Phlang*, et vers le *Grand Lac*, le *Stung Puok*, le *Stung Siem-réap*, le *Stung Roluos* et le *Stung Kompong-cham*. Tous ces cours d'eau traversent successivement la forêt, des rizières, pour se perdre enfin dans la forêt noyée des bords du *Grand Lac*.

V. — Le Grand Lac. — *Le Grand Lac* (*Tonlé-sap* des Cambodgiens, *Bien-Hô* des Annamites), s'étend, du nord-ouest au sud-ouest, entre le Territoire de Battambang et les résidences de Kompong-chhnang et de Kompong-thom. Le Territoire de Battambang enserre toute la partie nord du lac qui est la partie la plus large.

Le *Grand Lac* a une étendue et une hauteur d'eau très différentes suivant les saisons.

A la *saison sèche*, il mesure environ *120 kilomètres* dans sa plus grande longueur, du village de Moat-pir à l'embouchure de la *Rivière de Bac-Préa*, au village de Snoc-trou (porte des Lacs), et *32 kilomètres* dans sa plus grande largeur, de l'embouchure du *Stung Krepeu-pir* à l'embouchure du *Stung Roluos*. Son pourtour, à cette époque de l'année, est représenté par le tracé que donnent habituellement les cartes. La hauteur des eaux est très faible, elle varie de 0 m. 30 à 1 mètre; quelques bancs de sable apparaissent par endroits. Le lac n'est navigable que pour les pirogues, les sampans et les jonques de faible tirant d'eau.

A la *saison des pluies*, quand les eaux montent dans le *Mékong*, une partie de ces eaux, une fois arrivées à Phnom-penh, descendent par le bras communément appelé *Tonlé-sap* vers la cuvette des lacs dont le niveau est inférieur à celui du *Mékong* et s'étalent largement sur chaque berge. En même temps, les cours d'eau qui aboutissent au *Tonlé-sap*, grossissant à leur tour, le niveau du lac s'élève très rapidement : les eaux s'étendent très loin à travers la forêt et les plaines herbeuses des rives.

La *surface du Tonlé-sap est alors triplée* : ses limites se trouvent reculées, à l'est, presque jusqu'à Siem-réap, c'est-à-dire environ d'une dizaine de kilomètres, et vers le nord-ouest, où les terres sont plus basses, jusqu'à Kralanh et presque jusqu'à Mongkol-borey, c'est-à-dire sur une distance d'environ 70 kilomètres à vol d'oiseau ; à l'est, les eaux du lac arrivent jusqu'à 15 ou 18 kilomètres de Battambang ; elles atteignent presque Moung-russey, et Dontri qui, à la saison sèche, est à 16 kilomètres du rivage, se trouve alors inondé.

En même temps, la hauteur des eaux s'est accrue, elle atteint jusqu'à *8 mètres*, ce qui permet à des bateaux à vapeur de *900 tonnes* de remonter jusqu'à Bac-préa et aux chaloupes d'arriver, à travers la forêt noyée, jusqu'à Battambang et Mongkol-borey. C'est à cette époque de l'année que se font les gros transports et que la vie commerciale est le plus intense dans tout le Territoire.

Les eaux qui sont déversées dans les *Lacs* par le *Mékong* ou les autres rivières sont chargées d'alluvions qui leur donnent à l'époque des crues cette couleur jaunâtre et boueuse qui est si sale. A la fin de la saison des pluies, lorsque les cours d'eaux redeviennent calmes, les eaux laissent déposer au fond du *Lac* toutes les matières, terres ou végétaux, en décomposition qu'elles tenaient en suspens. Ainsi, le *Lac* se comble chaque année davantage : on dit qu'il se colmate. Ce colmatage annuel est évidemment très lent, mais on peut prévoir qu'il s'achèvera un jour et qu'il ne restera plus au fond de la cuvette des *Lacs* que le lit d'un cours d'eau qui drainera vers le *Mékong* toutes les eaux de cette région du Cambodge.

II. — Les habitants

VI. — Les populations. — Les populations sont très inégalement réparties sur la surface du Territoire.

Les régions montagneuses, où les ressources nécessaires à la vie de l'homme sont rares, les communications difficiles et le climat très insalubre, sont à peine habitées : les quelques villages que l'on y rencontre sont toujours sur le cours des fleuves et dans les clairières de la forêt. Même dans les plaines plus fertiles, la difficulté des voies de communication à la saison sèche a obligé les habitants à se grouper le long des rivières. C'est là qu'on rencontre les agglomérations les plus importantes. On évalue la population du Territoire à 230.000 habitants environ ; elle se compose de *Cambodgiens* (200.000), de *Chinois* et métis sino-cambodgiens (16.000), d'*Annamites* (5.000), de *Malais* (5.000), de *Laotiens* (2.500), de *Birmans* et d'*Indiens* (1.500), de quelques *Siamois* et d'un petit nombre de peuplades aborigènes.

Les *Cambodgiens* sont disséminés dans tout le Territoire ; ils sont pour la plupart cultivateurs ; quelques-uns seulement sont pêcheurs.

Les *Chinois* se trouvent groupés surtout dans les centres : Battambang, Mongkol-borey, Tuk-chou, Kralanh, Sisophon, Siem-réap, Thnot, Svai-chek, Paï-lin et Moung-russey ; tout le commerce est entre leurs mains.

Les *Annamites*, pour la plupart pêcheurs, vivent dans la région inondée, sur des jonques ou dans des maisons montées sur de très hauts pilotis. Ils y forment des villages importants : Bac-préa, Peam-séma, Trey, Kompong-prâhok et Moat-pir sur le Stung Bac-préa. Ils sont encore en majorité à Dontri.

Aux basses eaux, ils vont s'installer sur les bords mêmes du Grand Lac, où ils se groupent dans les villages de Khal-tol, Moat Ban kong, Prek Tol et beaucoup d'autres de moindre importance. Dans les villages catholiques de Ksach-pouy (sur le Stung Sang-Ké) et de Taom (sur le Stung Sreng), les Annamites se livrent, en dehors de la pêche, au commerce du bois ; ils ont installé des scieries qui débitent presque tout le bois employé ou consommé dans le Territoire. En amont de Siem-réap, ils fabriquent des jonques et des pirogues.

Les *Laotiens* se rencontrent surtout à l'ouest de Sisophon, de Svai-chek à la frontière siamoise : ils sont cultivateurs ; on en trouve quelques autres au nord de Siem-réap et dans le district de Chong-kal.

Ce sont encore des Laotiens qui sont employés comme coolies dans le district minier de Paï-lin.

Les *Malais* sont surtout nombreux à Battambang où ils forment deux villages importants : Phum Chhvéa-thom et Phum Vat-noréa ; quelques autres sont disséminés dans le Territoire. La plupart sont pêcheurs ou colporteurs.

Les *Birmans*, peu nombreux, sont surtout des Shan ou des Nhieu, qui se livrent à l'exploitation des pierres précieuses dans le district de Paï-lin, en particulier à Bodinhéo et Boyakha. Un des quartiers de Battambang est également habité par des Birmans.

Battambang a aussi quelques Indiens, marchands d'étoffes. Quant aux Siamois, ils sont en nombre très réduit et disséminés un peu partout comme cultivateurs.

On trouve enfin çà et là quelques peuplades aborigènes ; des *Jan* ou *Tchong*, dans les montagnes du sud-ouest ; des *Pohr*, dans les forêts de la Chaîne des Cardamomes ; des *Kouy*, dans le nord-est du Territoire. Ces populations aborigènes cultivent le riz d'une façon très rudimentaire ; ils brûlent des coins de forêt et ils sèment les graines dans les cendres ; ils se livrent à la chasse et ils recueillent la cire des abeilles sauvages, le cardamome, la gomme gutte, la gomme laque et la résine.

VII. — Histoire. — Les origines de Battambang sont très obscures. D'après la légende, le fondateur et premier roi du pays serait le génie Sikhiout Préah Dambang qui, à la suite de malheurs de famille, aurait abandonné son royaume pour aller vivre à Lakhon (Laos), où son tombeau existerait encore. Ses successeurs, qui possédaient la province de Battambang et la partie sud-ouest de la province de Sisophon, régnèrent longtemps indépendants. Le nord de la province de Sisophon appartenait au roi de Vientiane (Laos) et la province de Siem-réap était sous la domination du roi des Kamvujas.

Vers l'année 550, tout le pays fut conquis par un roi Kamvuja, Bhavavarman, qui imposa un tribut au seigneur de Battambang. Les successeurs de Bhavavarman établirent leur résidence entre le Grand Lac et les Phnom Koulen. Ils avaient besoin, en effet, de trouver facilement du poisson pour nourrir leurs soldats et les esclaves qu'ils faisaient prisonniers à la guerre, car ils faisaient souvent la guerre. D'autre part, les carrières des Phnom Koulen pouvaient leur fournir toutes les pierres nécessaires à la construction de leurs palais et de leurs temples.

Jayavarman II, qui devint roi vers 802, sut maintenir la paix dans son royaume et fit élever de beaux monuments ; c'est le premier des rois constructeurs ; il édifia Prah Khan, où il résida, et probablement fit commencer, tout à côté, la construction de l'immense ville d'Angkor-thom. Les successeurs firent d'Angkor-thom la capitale du royaume ; ils y élevèrent un grand nombre de constructions et couvrirent toute la région voisine de monuments magnifiques, comme Angkor-vat (1).

Malheureusement, à partir du XIIIe siècle, les rois cambodgiens eurent à soutenir de nombreuses guerres, d'abord avec les Chams, puis avec les Siamois qui arrivèrent jusqu'à Angkor et en pillèrent les richesses. Le Territoire de Battambang, suivant la chance des combats, changea plusieurs fois de maîtres. Angkor fut plusieurs fois pris, pillé, repris jusqu'au moment où, vers la fin du XVe siècle, les rois Khmers l'abandonnèrent définitivement pour aller établir leur capitale à Oudong.

A la fin du XVIIIe siècle, le roi cambodgien Ang-Eng, fuyant une révolte de palais, alla chercher asile à Bangkok. Il revint au Cambodge accompagné d'une armée siamoise. C'est alors qu'en échange de leurs services, Préah Ang-Eng autorisa les généraux siamois qui l'avaient accompagné à établir leurs troupes dans les provinces de Battambang et Angkor dont l'administration leur était confiée sous la surveillance du roi de Siam. Depuis cette époque, ces deux provinces furent en réalité des provinces siamoises, bien qu'aucun traité, aucun acte écrit, n'eût consacré cette cession. Chacune d'elles fut administrée par un gouverneur jouissant

______

(1) En dehors de la région comprise entre les Phnom Koulen et le Grand Lac, — où l'on trouve les ruines les plus nombreuses et les plus imposantes, — on rencontre encore de très importants vestiges de monuments anciens (temples ou pagodes) dans la région de Battambang (Banàn, Vat-Ek, Bassète) ou de Sisophon (Banteai-prau, Banteai-téa, Banteai-chmar). Pour plus de détails, voir AYMONIER, *Le Cambodge*, et LUNET DE LA JONQUIÈRE, *Inventaire descriptif des monuments du Cambodge.*

d'un pouvoir presque absolu et dont la charge était héréditaire. Le gouverneur de Battambang, qui touchait tous les impôts, devait payer un tribut en cardamome au roi de Siam. Celui de Siem-réap ne payait rien, le Siam percevant presque tous les impôts dans la province. La province de Sisophon, depuis longtemps conquise sur le roi de Vientiane, relevait directement de Bangkok.

Lorsque, au milieu du XIXe siècle, la France établit son protectorat sur le Cambodge, les Siamois prétendirent que Battambang et Siem-réap leur appartenaient. Mais le roi du Cambodge ne consentit jamais à renoncer à ces provinces.

En 1893, à la suite des événements du Laos, des difficultés surviennent avec le Siam ; le conflit se termine par le traité de 1893, qui abandonne au Siam les provinces de Battambang et de Siem réap, en spécifiant que le Siam ne pourra pas y entretenir de force armée. Le roi de Siam, désireux alors de rendre sa domination plus effective, fit des deux provinces le Monthon Burapha (circonscription de l'Est). Il envoya à Battambang et Siem-réap des commissaires royaux (khaluong) pour contrôler l'administration. Peu après, le Siam, profitant de ce que le traité de 1893 ne parlait pas de la province de Sisophon, y envoyait des troupes. La France dut intervenir à nouveau et elle plaça à Battambang, pour veiller à l'exécution des traités, un commissaire du gouvernement, qui, en 1901, reçut les pouvoirs de consul et qui en prit le titre en 1905 (1).

____

(1) M. Rolland fut le premier Commissaire du Gouvernement. Il fut remplacé, à partir de 1901, par MM. les Consuls : de Coulgeans (juin 1901-mars 1903), Pellegrini (mai 1903-décembre 1903), Breucq (décembre 1903-mars 1906), Simon (mars 1906-avril 1906), E. Boulet, jusqu'à la rétrocession (juillet 1906-juillet 1907).

Six ans plus tard, en 1907, la France obtenait du Siam la rétrocession des provinces de Battambang, de Sisophon et de Siem-réap ; le district de Chongkal, qui relevait d'Oubone (Siam), était rattaché à Siem-réap. Le 7 juillet de la même année, les fonctionnaires français et cambodgiens prenaient officiellement possession du Territoire que le Phya Katathorn (gouverneur de Battambang) abandonnait avec la majorité des fonctionnaires siamois.

VIII. — L'Administration indigène. — Le Territoire de Battambang a une organisation administrative qui ressemble un peu à celle des autres provinces du Cambodge.

Les villages sont groupés en *khum*. Le khum est administré par un mékhum qui, depuis l'administration française, est nommé à l'élection. Toutefois, il reste dans le Territoire un très grand nombre de mékhums (en siamois *Komnan*) nommés par l'Administration siamoise et qui sont restés en fonctions.

Le mékhum perçoit les impôts dans le village, il est chargé de la police, il assure l'exécution des règlements, il sert d'intermédiaire entre ses administrés et les autorités supérieures. Il est assisté de chefs de hameaux (*chumtop* en cambodgien, *phuyay* en siamois), dont le nombre varie suivant l'importance du khum, et d'un adjoint (*smien* en cambodgien, *saravat* en siamois).

A leur tour, les khums sont groupés en *srok* placés sous l'autorité d'un *chaufai-srok*. Le chaufai-srok est nommé par le Roi. Il reçoit l'impôt dans le srok et sert d'intermédiaire entre les mékhums et les autorités de la province. Il est assisté d'un balat-srok, d'un yokebat-srok et de secrétaires (smien). Le chaufai-srok n'est pas seulement un administrateur ; il est aussi une sorte de juge de paix : il juge les contraventions en conciliation et les affaires civiles peu importantes.

Enfin, les srok sont groupés en *khet*. Le territoire de Battambang comprend trois khet : le khet de Battambang, qui est de beaucoup

le plus grand et qui comprend toute la région sud du Territoire ;
le khet de Siem-réap et le khet de Sisophon (1).

Chaque khet est administré par un *chaufai-khet*, assisté d'un
balat-khet, d'un *yokebat-khet* et de *smien*.

Le chaufai-khet est chargé de la direction de toute la province
et de la surveillance des fonctionnaires des srok compris dans son
khet. Il centralise toutes les affaires. Il sert d'intermédiaire entre
l'autorité française et l'administration cambodgienne. Le balat-khet
assiste le chaufai-khet dans ses fonctions administratives et il le
remplace en cas d'absence. Le yokebat-khet s'occupe tout particu-
lièrement de l'établissement des rôles et de la rentrée des impôts,
des relations de la Sala khet avec la justice.

En outre, comme il n'y a pas de chaufai-srok au chef-lieu des
khet, c'est le chaufai-khet qui le remplace. Il est assisté pour cela
d'un balat srok et de deux yokebat srok. Les balat srok de Battambang, de Siem-réap et Sisophon jugent les contraventions et les
affaires civiles peu importantes du srok.

À la différence de ce qui se passe dans les autres provinces du
Cambodge, à Battambang, Siem-réap et Sisophon, les autorités
judiciaires des tribunaux de 1re instance et d'appel sont distinctes
des autorités administratives. Les tribunaux de 1re instance (*Sala
Dambaung khet*) sont formés d'un président (*chang vang*), de
juges (*sophéa*), et d'un greffier (*achnha sala*). Le nombre des
juges est de quatre à Battambang, deux à Siem-réap, un à Sisophon.

---

(1) Le khet de Battambang comprend sept srok : Battambang, Moung-russey,
Ba-thbaung (Kdol), Lovéa, Mongkol-borey, Tuk-chou, Péam-séma (Bac-préa).

Le khet de Siem-réap comprend cinq srok : Siem-réap, Roluos (Sot Nikom),
Puok, Kralanh et Chong-kal ;

Le khet de Sisophon comprend trois srok : Sisophon, Svai-chek et Phnom-
srok.

La Cour d'appel (*Sala Outor*), qui siège à Battambang, est également formée d'un président, deux juges et un greffier. Les jugements en dernier ressort rendus par ces différents tribunaux peuvent être attaqués en annulation ou en cassation devant la Cour de cassation récemment créée à Phnom-penh.

IX. — L'Administration française. — Le Territoire de Battambang est placé sous la direction d'un administrateur qui porte le titre de *Commissaire délégué du Résident supérieur* et qui réside à Battambang. Le Commissaire délégué est à la fois *administrateur* et *juge*. Il est aidé dans ses fonctions par *deux adjoints* ; le premier adjoint l'assiste dans l'administration du Territoire, le deuxième adjoint s'occupe plus spécialement des affaires de justice.

Il juge en matière civile et pénale les différends entre Européens et Indigènes et toutes les affaires dans lesquelles sont en cause des Asiatiques étrangers au Cambodge (Chinois, Annamites, etc..) Les affaires entre Cambodgiens relèvent exclusivement des tribunaux cambodgiens. Le tribunal se compose de l'Administrateur juge-président et d'un commis-greffier ; sa compétence est la même que celle des tribunaux français de première instance.

Le Commissaire délégué a, en outre, sous ses ordres directs divers fonctionnaires pour assurer les divers services du Commissariat.

La *police* est assurée dans tout le Territoire par les autorités indigènes, qui recherchent, poursuivent, arrêtent les malfaiteurs et les livrent aux tribunaux. La sécurité du Territoire est, en outre, assurée par deux compagnies de tirailleurs cambodgiens. Il y a, en outre, un détachement de la garde indigène à Battambang, avec, dans l'intérieur, des postes de miliciens à Siem-réap, Moung-russey, Thnâm, Samrong, Kdol, Thnot, Svai-chek ; à Battambang, la police est faite par un brigadier de gendarmerie assisté par un gendarme européen et par des agents de police indigènes.

Le service des *Travaux publics*, dirigé par un ingénieur assisté de commis et de surveillants, est chargé de la construction et de l'entretien des routes, des ponts, des bâtiments et du fonctionnement du service des eaux et d'électricité.

Le service des *Douanes et Régies*, dirigé par un contrôleur assisté de commis et de préposés, veille à la perception régulière des droits sur les marchandises entrant en Indochine, sur les alcools des distilleries, sur les tabacs. Il assure, en outre, la vente de l'opium et cherche à empêcher la contrebande.

L'Assistance médicale est assurée dans le Territoire par les deux médecins de l'hôpital de Battambang, le médecin français de Sisophon et un médecin indigène à Siem-réap. Ces médecins, en dehors des soins qu'ils donnent aux malades des centres, font des tournées de vaccination dans l'intérieur.

L'Enseignement est organisé comme dans le reste du Cambodge. Il comprend des écoles de pagodes, où les enfants reçoivent un enseignement élémentaire en cambodgien, des écoles de khet (dont une existe déjà à Siem-réap), où les élèves continuent à apprendre le cambodgien et commencent l'étude du français; une école résidentielle à Battambang, où l'enseignement est donné presque tout entier en français.

Le *Trésor* reçoit le montant des impôts et paie les dépenses.

Le Territoire de Battambang étant très étendu, il a été créé au chef-lieu de la province de *Siem-réap* un *poste administratif* qui a été confié à un administrateur représentant le Commissaire délégué.

III. — Les ressources

X. — Les mines et les carrières. — Dans le district de *Paï-lin*, on trouve de nombreuses *pierres précieuses*, surtout des saphirs et des rubis. Ces mines sont exploitées par des Birmans aidés de coolies laotiens et cambodgiens.

Dans le district de Svai-chek, on trouve, à une profondeur de 15 à 25 mètres, des filons de quartz aurifère. Ces mines, découvertes par les indigènes, furent exploitées d'abord par eux et suivant des procédés primitifs, puis par une société qui en a abandonné l'exploitation depuis plusieurs années à la suite d'une épidémie de choléra.

Des échantillons assez riches en *phosphates* ont été récemment découverts dans plusieurs massifs montagneux du Territoire : Phnom Sampou, Phnom Vai-chap, Phnom Takream, etc... (1).

En outre, l'Administration des Travaux publics exploite au Phnom Sampou des *carrières* de pierres destinées à l'empierrement des routes.

Il convient de signaler enfin que les pierres (limonite et grès) qui ont servi à la construction des monuments d'Angkor proviennent des Phnom Koulen où l'on a retrouvé des traces d'exploitation d'anciennes carrières.

XI. — Les forêts. — Les forêts du Territoire de Battambang sont immenses, mais l'exploitation n'y est point partout également active.

Celles qui se trouvent dans la zone inondée et constituent à proprement parler la *forêt noyée*, fournissent en grande quantité du bois de chauffage que les indigènes viennent prendre à la saison des hautes eaux.

Dans la moyenne région et sur les montagnes du centre du Territoire, où domine la forêt claire, on ne trouve que des essences rabougries, en grande partie inutilisables.

Par contre, sur les montagnes qui entourent le Territoire, le long du cours supérieur des rivières, on rencontre de belles forêts épaisses renfermant des bois recherchés et des essences rares. Celles qui couvrent la région du Stung Sang-ké, du haut Stung Sreng, du

---

(1) Quarante-neuf Phnom ont été concédés pour l'exploitation des phosphates.

Stung Siem-réap et du Stung Krepeu-pir sont exploitées ; les autres ne peuvent l'être par suite du manque de voies de communication et de moyens de transports.

Entre les Phnom Koulen et les Phnom Dangrek s'étend une forêt très épaisse et très belle, très réputée par les essences qu'elle renferme et le gibier qu'on y rencontre ; c'est la *Prey Saâk*, qui, sur une largeur d'une quinzaine de kilomètres, couvre toute la région comprise entre le Stung Sreng et la frontière du Territoire.

Les différentes essences exploitées dans les forêts du Territoire sont :

1º Parmi les bois durs : le *kâkas* (en annamite gô), le *sokrâm* (cam-xe), le *phchek* (ca-châc), le *néang-nuon* (cam-lai), le *thnong* (dang-huong), le *tatrau* (trai), le *krenhung* (trac), le *koki* (sao), le *popel* et le *beng* ;

2º Parmi les bois tendres: le *chhoeutéal* (dau), le *trach* (dau), le *sralao* (bang lang), le *phdiek* (ven-ven), et le *kroeul* (son), qui donne une laque noire très belle que les Cambodgiens appellent *méréak*.

Les indigènes tirent, en outre, de ces forêts de nombreuses *résines* et *huiles* : la *gomme gutte*, la *gomme laque*, la résine à calfater les bateaux, des huiles de bois et de nombreux bois de teinture. Ils exploitent également le *bambou* et le *rotin*, qui s'y trouvent en grande quantité.

XII. — La chasse. — Le Territoire de Battambang est très giboyeux : rhinocéros à une corne, buffles sauvages, bœufs sauvages, tigres, panthères, ours, porcs-épics, singes abondent aussi bien dans la brousse que dans la forêt. On trouve un peu partout des éléphants sauvages qui vivent par bandes assez nombreuses, mais les indigènes semblent se désintéresser de leur capture à laquelle se livrent tous les ans des Laotiens venant du Nord des Dangrek (1).

____

(1) Ces chasseurs sont soumis à une taxe fixée au tiers de la valeur de l'animal capturé. Ils paient, en outre, un droit fixe de sortie de 250 piastres.

En outre, le gibier à poils et à plumes est fort varié : sangliers, élans, cerfs, chevreuils, lièvres, agoutis, paons, bécassines, sarcelles, perdrix, cailles se rencontrent partout.

Sur le cours des rivières, dans les régions inondées ou marécageuses, on trouve des crocodiles, des pangolins, des iguanes dont les indigènes recherchent fort la chair, et des loutres.

Quant aux oiseaux échassiers et palmipèdes : plongeons, pélicans, cormorans, hérons, crabiers..., ils sont légion. Quelques-uns, comme le canard sauvage, la poule d'eau, la sarcelle, sont recherchés pour leur chair ; d'autres, comme le marabout, l'aigrette, l'ibis rose et diverses sortes de martins-pêcheurs, sont chassés pour leurs plumes qui se paient très cher.

Les corbeaux, les charognards et les vautours sont très nombreux et débarrassent le pays des immondices de toutes sortes.

XIII. — La pêche. — Une des plus grandes sources de richesse du Territoire de Battambang est sans contredit la pêche dont la production s'élève annuellement à une valeur moyenne de *1 million à 1 million 500.000 piastres*. Cela s'explique à la fois par sa situation exceptionnelle sur le Tonlé-sap et par le grand nombre de prek qui sillonnent la zone dit de la forêt noyée.

La grande pêche a lieu à la *saison sèche*. Quand le niveau du Grand Lac a suffisamment baissé, les pêcheurs annamites et cambodgiens construisent, à l'embouchure des prek et au milieu des rivières, des barrages en bambou qu'ils surveillent très soigneusement. Ils se servent aussi de nombreux engins : nasses, cloches, filets, etc....

Pour conserver les poissons, les pêcheurs les font sécher ou les fument.

Pour les faire sécher, ils leur coupent la tête, les fendent en deux par le dos pour les vider, puis les salent et les exposent au soleil sur des claies ; pour les fumer, ils leur coupent la tête et les vident en leur faisant une légère incision au ventre, puis ils les placent sur des claies, au-dessus de foyers de copeaux et de balle de paddy. Les vessies sont recueillies pour fabriquer la colle de poisson.

Les petits poissons, le trey riel et le trey léng, longs d'une dizaine de centimètres, qui sont pris avec des filets à petites mailles, servent à la fabrication de l'huile. Les pêcheurs les font bouillir dans de grands chaudrons en fer, l'huile monte à la surface où elle est recueillie. Les poissons sont ensuite jetés sur des claies, dans des réservoirs placés au bord de l'eau : la chaleur du soleil les fait fermenter, une nouvelle couche d'huile monte à la surface de l'eau où on la recueille encore à l'aide de cuillers. Toute cette huile, mise dans des touques à pétrole vides, est expédiée en Cochinchine d'où elle est exportée en Europe pour servir en grande partie à la fabrication des huiles industrielles.

Avec les poissons de médiocre qualité, on fabrique un condiment cambodgien, le prâhok ; pour cela, on les écrase et on les mélange avec du sel, puis on laisse fermenter le tout. Dans quelques endroits on fait aussi de la saumure (nuoc-mam ou tuk-trey), qui est une autre sorte de condiment.

XIV.— L'élevage.— Dans le Territoire, les buffles, les bœufs et les chevaux sont très nombreux (1). Mais il n'y a pas, à proprement parler, de pâturages, ces animaux paissent l'herbe de la brousse. Abandonnés à eux-mêmes et ne recevant aucun soin méthodique, ils sont sujets à de nombreuses épizooties qui en font parfois périr de grandes quantités. L'exportation est encore très faible, les expor-

---

(1) Le recensement de 1911 donnait les chiffres suivants :

	Battambang	Siem-réap	Sisophon
Bœufs..........	80.000	43.528	22.106
Buffles..........	27.530	13.367	9.593
Chevaux........	2.195	1.140	512

tateurs de bestiaux de Manille n'ayant fait que de rares apparitions dans le Territoire.

L'élevage du porc, quoique très important, surtout dans les régions de Siem-réap et de Tuk-chou, n'est pas pratiqué de façon plus méthodique. La production suffit grandement à la consommation locale. De même pour les oiseaux de basse-cour : poules, pintades, canards, paons, l'élevage est livré au hasard, la production est normale et suffit aux besoins.

XV. — L'agriculture. — Presque tous les habitants du Territoire de Battambang se livrent à la culture. On peut évaluer à un *vingt-cinquième de la superficie* totale la surface de terres qui sont cultivées en rizières ou en cultures diverses ; le reste est inculte, couvert de brousse, de hautes herbes ou de forêts claires. Il y a pourtant d'immenses plaines entre Battambang et Mongkol-borey et entre Battambang et Moung-russey, qui pourraient être transformées en bonnes rizières ; mais la population y fait défaut.

La principale culture du Territoire est la culture du *riz*. Quoique la superficie des rizières (550 kilomètres carrés environ), soit très faible, comparée à l'immense étendue du Territoire (35.000 kilomètres carrés), la récolte non seulement suffit à la nourriture des indigènes et à la fabrication de l'alcool dans les distilleries du Territoire, mais elle alimente un gros commerce d'exportation.

Les principaux centres de production sont Battambang et Mongkol-borey, qui exportent annuellement environ chacun 400.000 piculs ; Moung-russey (80.000 piculs) ; Kralanh et Tuk-choud (70.000 piculs) ; Siem-réap, Puok et Roluos (40.000 à 50.000 piculs).

Les autres cultures du Territoire : le maïs, les haricots, les arachides, les patates, les pastèques et les concombres, la canne à sucre l'aréquier, le bétel, le tabac ne suffisent pas aux besoins de la population.

Le tabac, en particulier, ne donne guère que le cinquième de la consommation totale du Territoire, le reste vient des autres régions du Cambodge ; mais si la quantité est très faible, la qualité, par contre, est supérieure. Les principaux centres de production sont : le haut de la rivière de Battambang, surtout les villages de Samlot, Soung, Tassanh ; le haut de la rivière de Mongkol-borey, principalement à Kom-rieng, Takrey, Kompong-ley ; le haut de la rivière de Moung-russey, surtout à Thnâm et Samrong.

Dans les montagnes du Sud et de l'Ouest, les indigènes récoltent les graines de cardamomes, qui servent à la préparation de médicaments chinois. La récolte annuelle est d'environ 20 à 50 piculs. Le picul vaut de 80 à 150 piastres, selon les années (il a valu, il y a quelque années, 500 et 600 piastres).

XVI. — L'industrie. — L'industrie est peu développée dans le Territoire de Battambang.

On trouve quelques *fabriques de chaux* en amont de Battambang ; des *briqueteries* et des tuileries sur le Stung Sang-ké, entre Banân et le chef-lieu. Les indigènes font de la chaux à bétel avec les coquillages recueillis dans les rivières à la saison des basses eaux. Dans le district minier de Paï-lin, des Birmans travaillent les pierres précieuses et fabriquent des bijoux fort appréciés des Cambodgiens.

Dans le Sud-Ouest, les habitants font des *nattes* de rotin fort estimées, mais qui ne suffisent pas à la consommation locale. On fabrique aussi un peu partout toutes sortes d'objets de *vannerie* pour nettoyer le riz, des nasses, des barrages en lamelles de bambou, des cordages en rotin, des filets de toutes dimensions en corde de Chine pour la pêche.

Dans les régions de Taom et de Siem-réap, les indigènes fabriquent une très grande quantité de pirogues et de jonques. Les forêts de la région de Tuk-chou renferment des arbres qui donnent la résine et l'huile de bois nécessaires au calfatage des barques.

Le territoire produit également de la *soie*, mais en très petite quantité, dans quelques villages du district de Phnom-Srok de Chong-kal.

On fabrique de l'alcool de riz dans sept à huit distilleries disséminées dans le Territoire ; cette fabrication est, ainsi que la vente, le monopole d'un fermier qui verse au Trésor une très forte redevance.

XVII. — Les voies de communication. — Les voies de communication par terre, très nombreuses dans le Territoire, ne sont le plus souvent que des pistes charretières, que l'on transforme progressivement en routes. Battambang est relié à Phnôm-penh par une route qui passe à Moung-russey.

De Battambang partent trois routes ;

a) L'une va vers Moung-russey, Svai-Don-kéo et Phnom-penh. Sa longueur sur le Territoire est de 72 kilomètres ;

b) Une autre va vers Thnot, Mongkol-borey et Sisophon, d'où une double bifurcation conduit au Siam, l'une par Poi-pet (115 kilomètres), l'autre par Svai-chek et la passe de Chong-Ta-Kho ;

c) La troisième va au Phnom Sampou et se poursuit par une piste charretière vers Snang, Treng, Paï-lin et Chantaboun.

D'autre part, de Siem-réap, des routes vont soit à la frontière de Kompong-thom par Roluos, soit à Kralanh ou Samrong par Puok.

Un chemin de fer à voie étroite est actuellement achevé de Battambang au Phnom Sampou ; il sert au transport des pierres qui sont extraites des carrières.

Par eau, les communications sont plus nombreuses et plus faciles, surtout aux hautes eaux.

A cette saison, c'est-à-dire de juillet à janvier, la rivière de Bacpréa est navigable pour les gros vapeurs des Messageries Fluviales. A partir de Bac-préa, le Stung Sang-ké n'est plus navigable, à cause de ses nombreux coudes, que pour les chaloupes, les jonques et les sampans. Pour remédier en partie à cet inconvénient des coupures ont été faites dans la forêt noyée aux hautes eaux ; elles diminuent de deux heures le trajet de Bac-préa à Krabao. Mais il a été impossible de supprimer les coudes qui existent entre Krabao et la Douane siamoise (15 kilomètres en aval de Battambang), qui sont de beaucoup les plus difficiles à franchir pour les chaloupes par suite de l'étroitesse du lit de la rivière et de la courbe des coudes. Le Stung Sang-ké n'est guère navigable au-dessus de Battambang, sauf au temps des fortes crues où les jonques peuvent remonter jusqu'à Banân.

Le Stung Mongkol-Borey est navigable pour les chaloupes jusqu'à Mongkol-borey et pour les grosses jonques jusqu'à Kdol.

On peut remonter le Stung Sisophon jusqu'à Sisophon. Un canal navigable pour les pirogues unit le Stung Sisophon et le Stung Mongkol-borey.

Le Stung Sreng est navigable pour les jonques jusqu'au delà de Kralanh et Tuk-chou. La navigation se trouve interrompue à quelques kilomètres en amont de ce dernier centre par un pont de pierres à arches très étroites : le Spéan Sreng.

Les rivières de Siem-réap, de Roluos, de Puok et de Dontri sont navigables pour les jonques de faible tonnage jusqu'à Siem-réap, Roluos, Puok et Moung-russey.

A la saison sèche, les chaloupes s'arrètent à l'entrée des lacs ; les bateaux du Service postal s'arrètent à Kompong-Chhnang, d'où les voyageurs, la poste et les bagages sont dirigés sur Battambang par sampan.

XVIII. — Eléments du commerce et principaux marchés :

a) Exportation. — Le principal commerce du Territoire de Battambang est *l'exportation du riz.* Il sort en moyenne par an un million de piculs de paddy qui sont achetés par de gros commerçants chinois et expédiés aux rizeries de Cholon.

Les *poissons* séchés, salés ou fumés et les produits dérivés de la êpche (huiles, graisses, vessies, colles, etc.), sont vendus en grande partie à des commerçants de Cholon et Saigon ; cependant, de 8.000 à 10.000 piculs de poissons sont exportés sur le Siam, vers Korat et Oubone, et sur le Laos, par convois de charrettes.

Les habitants vendent beaucoup de *peaux* (buffles, bœufs) et de *cornes* aux commerçants chinois de Battambang, Mongkol-borey, Kralanh, Siem-réap, qui les expédient vers Phnom-penh ou Saigon.

Le district minier de Paï-lin exporte des *pierres précieuses* (rubis et saphirs) qui sont très appréciées sur les marchés de Paris, Londres, Bombay et Calcutta.

b) Importation — En revanche, le Territoire reçoit :

Des autres régions du *Cambodge* : des écharpes de soie, des sampots, des poteries, du tabac, du sucre de palme et de la literie ;

De la *Cochinchine* : des noix de coco, du sel, des allumettes, de l'alcool ;

Du *Siam* : quelques étoffes et des soieries, en quantité de moins en moins grande depuis la rétrocession ;

De la *Chine* : du thé, des plateaux en cuivre, des baguettes de parfum et des pétards ;

De l'*Europe* : des parapluies, des ombrelles, des cotonnades, du pétrole, des conserves alimentaires, des fers et fontes, etc...

XIX. — Les villes. — L'agglomération urbaine la plus importante de tout le Territoire est Battambang.

Battambang (325 kilomètres de Phnom-penh) est situé sur les deux rives du Stung Sangké, au milieu de la suite ininterrompue de villages qui s'étend sur le fleuve, de Banân à la Douane siamoise. Les maisons sont construites au milieu d'un grand et véritable jardin fruitier (cocotiers, aréquiers, bananiers, orangers, citronniers, palmiers à sucre, manguiers, etc...), qui va des berges jusqu'à la rizière sur une profondeur de cent à cinq cents mètres. Depuis la rétrocession, la rive gauche de Battambang a été entièrement transformée. Un large boulevard, bien empierré et toujours propre, suit la berge. Des rues ont été percées pour donner de l'air à la ville. Un château d'eau a été construit qui distribue de l'eau potable dans tous les quartiers, grâce à de nombreuses bornes-fontaines. Un marché couvert tout en fer et très propre a été construit au centre de la ville ; un pont métallique a été jeté d'une rive à l'autre du Stung Sangké ; les rues sont éclairées la nuit à la lumière électrique, les habitants peuvent ainsi circuler tranquillement sans être obligés de se munir de torches. Battambang enfin a un hôpital et une école franco-cambodgienne.

La rive droite n'a pas encore été modifiée : la route de berge est toujours un véritable bourbier à la saison des pluies, il n'y a pas de rues transversales et les maisons sont construites sans aucune symétrie.

En dehors de Battambang, les centres les plus importants ne sont que des suites de villages :

Moung-russey (48 kilomètres de Battambang), sur le Stung Krepeupir, est un gros centre de cultures traversé par la route de Phnom-penh. Il y a à Moung-russey un poste de miliciens commandé par un garde principal européen.

Mongkol-borey (58 kilomètres de Battambang), sur le Stung du même nom, s'étend, sur chaque rive, sur une longueur de 4 kilomètres. Les maisons et les greniers à paddy (ceux-ci beaucoup plus nombreux que celles-là, sont enfouis au milieu d'une grande variété d'arbres fruitiers. Les deux routes de berges qui constituent les seules rues de Mongkol-borey et qui sont réunies par un pont métallique jeté sur la rivière, ne sont ni remblayées ni empierrées ; à la saison des pluies, elles sont un véritable bourbier.

Sisophon (68 kilomètres de Battambang), sur le Stung du même nom, possède, en dehors des rues de berges, des rues transversales et empierrées, malheureusement faites sans symétrie. Il y a à Sisophon une compagnie de tirailleurs et une ambulance avec un médecin français.

Kralanh (90 kilomètres de Battambang) est un gros village sur la rive gauche du Stung Sreng, sans autre rue que la piste charretière qui suit la berge. Le Stung Sreng était jusqu'ici obstrué par des arbres qui poussaient jusque dans son lit. L'Administration française les a fait enlever pendant la saison sèche de 1911-1912 et la navigation est devenue facile.

Siem-réap (110 kilomètres de Battambang), au Nord du Tonlé-sap, s'étend sur les rives du Stung qui porte son nom sur une longueur d'une dizaine de kilomètres. Sur la rive droite, la route de berge, remblayée et empierrée, se continue à travers la forêt, jusqu'à Angkor-vat (5 klm. 5) et Angkor-thom (7 kilomètres de Siem-réap). Les deux rives sont réunies par un pont-levis en bois. Un marché couvert en tuiles est construit au centre de la ville sur la rive droite. A Siem-réap, la rivière, peu large, n'est jamais à sec ; les habitants, pour y puiser l'eau nécessaire à l'irrigation de leurs jardins, leurs plantations d'aréquiers et de bétel, pendant la saison sèche, ont installé des norias tout le long de la berge. Siem-réap est le chef-lieu d'un poste administratif.

Saïgon, Imp. Commerciale, C. Ardin.

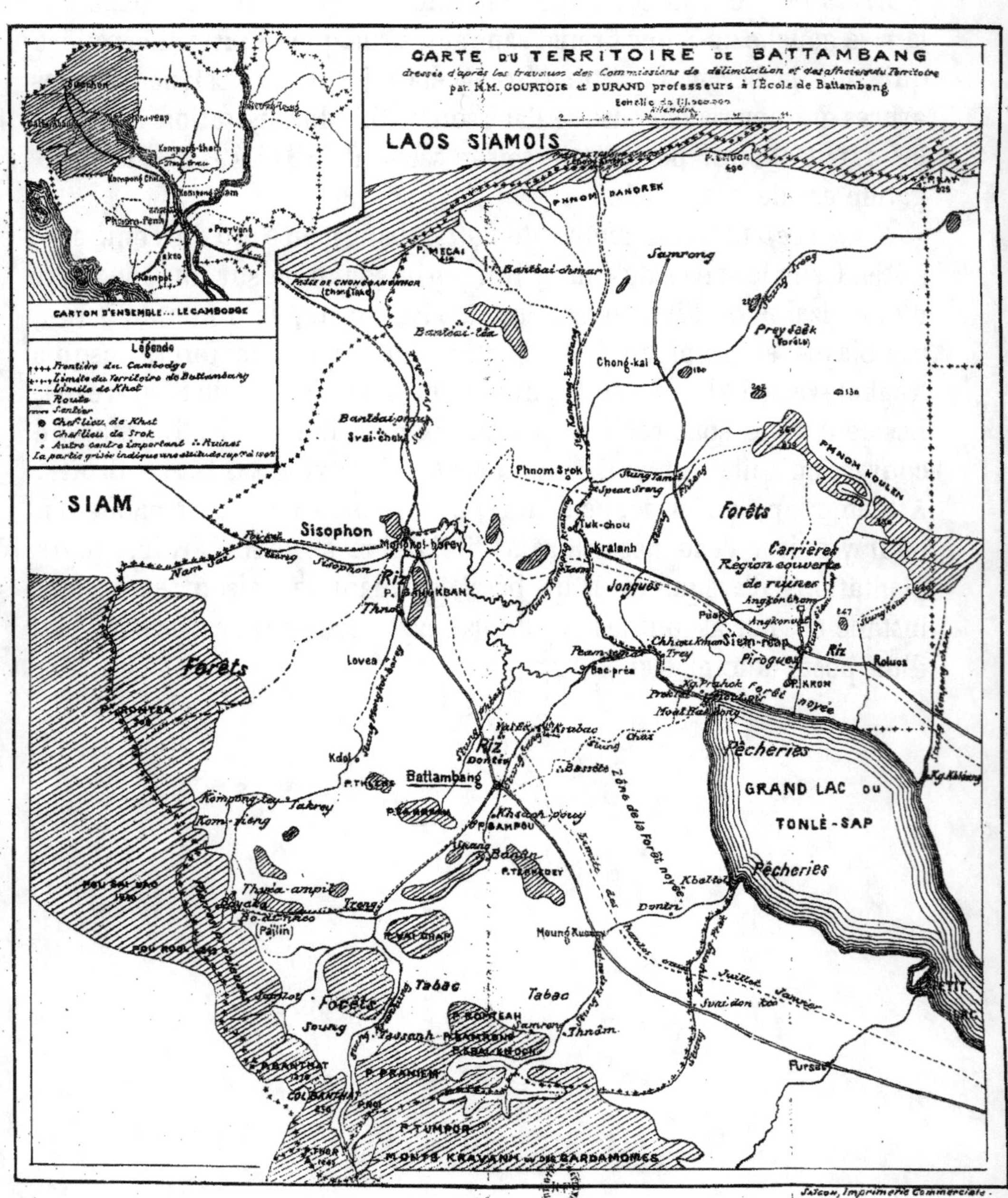

CARTON D'ENSEMBLE ... LE CAMBODGE

Légende
Frontière du Cambodge
Limite du Territoire de Battambang
Limite de Khat
Route
Sentier
Chef-Lieu de Khat
Chef-Lieu de Srok
Autre centre important
Ruines
La partie grisée indique une altitude sup. à 100 m.

CARTE DU TERRITOIRE DE BATTAMBANG
dressée d'après les travaux des Commissions de délimitation et des officiers du Territoire
par MM. COURTOIS et DURAND professeurs à l'École de Battambang
Échelle de 1/1.000.000

LAOS SIAMOIS
PHNOM DANGREK
P. LUON
PRAY

SIAM

Samrong
P. MECAI
Bantéai-chmar
Prey Saëk
(Forêt)
PASSE DE CHONG-SAN-NHOR
(Chong Tako)
Bantéai-téa
Chong-kai
PHNOM KOULEN
Bantéai-pren
Svai-chék
Phnom Srok
Stung Yamot
Forêts
Carrières
Région couverte
de ruines
Spean Srang
Sisophon
Tuk-chou
Kralanh
Jongués
Angkôr thom
Mongkol-borey
Puok
Nam Sai
Stung Sisophon
Riz
P. BANN KBAN
Angkor vat
Chhœu Khan Siem-reap
Riz
Thno
Peam tara
Trey
Pirogues
Roluos
Lovea
Bac préa
Kg. Prahok
Forêt
noyée
P. KRON
P. DONTEA
Forêts
Vat Ek
Krabac
Moat Kaksong
Kdol
Riz
Dontin
Chax
Pêcheries
Bassac
Zone de la Forêt noyée
Battambang
GRAND LAC DU
P. TASES
Khsach-porey
P. SARACH
P. SAMPOU
Srang Bapin
TONLÉ-SAP
Kompong-tey
Takrey
Kbaltok
Pêcheries
Kom-pieng
P. TROPEUY
Dontri
Thma-ampil
Trena
Royate
Bo Achaos
(Pailin)
Meung Russey
P. VAT DRAN
Juillet
Janvier
Tabac
Svai don teo
Tabac
Tabac
P. KOMREAH
Thnôm
Pursat
M. Vossanh
P. SAMKONG
Samron
Soung
P. BAL KNOCH
P. BANMOT
P. BRANIEM
COL BANTHAT
P. TUMPOR
P. FNOM
MONTS KRAVANH ou DES CARDAMOMES

Saïgon, Imprimerie Commerciale.

Premières connaissances usuelles (exercices simultanés
d'observation et de langage), par RUSSIER et GIRERD............ 0 $ 60

Lectures sur l'histoire d'Annam, par MAYBON et RUSSIER :

1er Livret. — Les origines et la domination chinoise............. 0 $ 35

2e Livret. — Les dynasties nationales, des Ngo aux Nguyen..... 0 35

3e Livret. — Les Nguyen. Les Français en Annam............... 0 35

Géographie régionale de l'Indochine française :
Giadinh, par RUSSIER, 3 cartes................................ 0 $ 35

Territoire de Battambang, par DURAND, 1 carte............... 0 40

SOUS PRESSE

Histoire sommaire du Royaume de Cambodge, par RUSSIER.

Premiers éléments d'histoire naturelle, par EBERHARDT....

A l'école et autour de l'école (lectures instructives et morales. — Premier degré), par RUSSIER et BAUDET..............

POUR PARAITRE PROCHAINEMENT

**Notions élémentaires d'arithmétique et de système mé-
trique,** par DACHARY...

Notions élémentaires d'histoire naturelle, par EBERHARDT.

Notions élémentaires d'histoire et d'administration locales,
par O. MOREL..

Notions d'histoire générale, par MUS.......................

Histoires de la vie de Bouddha (lectures morales), par Paul
RÉGNIER (illustrations de André JOYEUX).....................

Voir la suite page 4 de la couverture.

II.— ENSEIGNEMENT INDIGÈNE

EN VENTE

Địa dũ mông học (leçons élémentaires de géographie), par RUSSIER et
NGUYEN-VAN-MAI.. 0 $ 60

Nam việt sử ký mông học đọc bổn (lectures sur l'histoire d'Annam),
par MAYBON, RUSSIER et MAI.................................... 0 $ 60

POUR PARAITRE PROCHAINEMENT

**Méthode pratique de lecture, d'écriture, de calcul et de
dessin** (en quôc-ngu), par LE BRIS............................

Pour tous ces ouvrages, s'adresser soit aux libraires d'Indochine, soit à
M. RUSSIER, à Phnom-penh.

www.ingramcontent.com/pod-product-compliance
Lightning Source LLC
Chambersburg PA
CBHW051318060726
47596CB00004B/1367